半小时读懂
中国古代科学名著

斯塔熊 著/绘

天工开物

化学工业出版社

·北京·

图书在版编目（CIP）数据

天工开物 / 斯塔熊著、绘. -- 北京 : 化学工业出
版社，2024. 11. -- （半小时读懂中国古代科学名著）.
ISBN 978-7-122-46432-3

Ⅰ. N092

中国国家版本馆CIP数据核字第202422ZD05号

责任编辑：龙　婧　　　　　　　　　　装帧设计：史利平
责任校对：李　爽

出版发行：化学工业出版社（北京市东城区青年湖南街13号　邮政编码100011）
印　　装：北京宝隆世纪印刷有限公司
710mm×1000mm　1/16　印张5¾　字数80千字　2025年1月北京第1版第1次印刷

购书咨询：010-64518888　　　　　　　售后服务：010-64518899
网　　址：http://www.cip.com.cn

定　　价：39.80元

写给小读者的话

亲爱的小读者，你一定知道中华民族有着光辉灿烂的科技成就。在相当长的历史时期内，中国古代科技都处于世界领先水平——

《梦溪笔谈》的内容涉及天文、数学、物理、化学、生物、地理、气象、医药、文学、史事、音乐、美术等方面，被誉为"中国科技史上的坐标"。

《天工开物》被称为"中国17世纪的工艺百科全书"，不但翔实地记述了明代居于世界领先地位的科技成就，而且大力弘扬了"天人合一"思想和能工巧匠精神。

《水经注》对江河湖泊、名岳峻峰、亭台楼阁、祠庙碑刻、道观精舍、方言异语、得名之由等都有详细记载，涉及地理学、地名学等诸多学科，是一部百科全书式的典籍。

《九章算术》是中国现存的一部最古老的数学书。它不但开拓了中国数学的发展道路，在世界数学发展史上也占有极其重要的地位。

《徐霞客游记》涉及广阔的科学领域，丰富的科学内容，以及多方面的科学价值，在古代的地理著作中几乎无与伦比。

摆在你面前的这套书，精选古文底本，对全书内容进行生动流畅的翻译。趣味十足的手绘图，让你直观感受原汁原味的古代科技。同时，本书还广泛征引科普资料，设置精彩的链接知识，与原文相得益彰。

现在，
让我们一起步入古代科技的殿堂
去一览辉煌吧！

目录

天工

《天工开物》其书

　　《天工开物》记载了诸如纺织、染色、机械、兵器、火药、砖瓦、陶瓷、造纸、制盐、采煤、榨油等制造技术，并且对这些技术进行了系统、精辟的总结。书中记载的许多生产技术，很多一直沿用到近代，甚至在现代还在被人们使用。

　　本书选取《天工开物》中最具代表性的篇章，使读者通过阅读这部科学史上的名著，感受中国古代劳动人民的智慧和才能。

所谓"乃粒"，指的是五谷，代指粮食。民间有句俗语："民以食为天。"可见粮食对于百姓生活的重要性。自古以来，谷物的品种和生产技术都是极其重要的。这一部分内容深入讲解了水稻和小麦的种植与栽培技术，还提及了黍、粟、菽（豆类）等农产品的种植，并介绍了各种农具、水利灌溉器具。

原文

湿种之期，最早者春分以前，名为社种（遇天寒有冻死不生者），最迟者后于清明。凡播种，先以稻麦稿包浸数日，俟其生芽，撒于田中。生出寸许，其名曰秧。秧生三十日，即拔起分栽。若田亩逢旱干、水溢，不可插秧。秧过期，老而长节，即栽于亩中，生谷数粒，结果而已。凡秧田一亩所生秧，供移栽二十五亩。

浸稻种，最早可在春分以前，叫"社种"（要是天气寒冷，有的稻种会被冻死），最迟则在清明节之后。播种时，先取来稻草和麦秆，把种子包起来，放到水里浸泡几天，等种子发芽后，再撒到秧田里。苗长到一寸多高，就称为秧。等秧苗长上三十天，就可以拔起来分栽了。天气太干或田里水太多，都不适合插秧。要是错过了育种期，秧苗就会变老并长节，这时再插到田里就会使稻穗上的稻粒很少，导致减产。一亩田的秧苗，能够移栽到二十五亩稻田中。

稻工

凡稻，分秧之后数日，旧叶萎黄而更生新叶。青叶既长，则籽可施焉（俗名挞禾）。植杖于手，以足扶泥壅根，并屈宿田水草使不生也。凡宿田茵草之类，遇籽而屈折。而稊稗与荼蓼非足力所可除者，则耘以继之。耘者苦在腰手，辩在两眸。非类既去，而嘉谷茂焉。从此，泄以防潦，溉以防旱，旬月而奄观铚刈矣。

世界稻作文化起源地

上山遗址位于浙江浦阳江上游，是距今一万年左右的新石器时代早期文化遗址。考古学家在这里发现了稻作遗存，是目前发现的最古老的人工水稻。

译文

秧苗插上几天后，老叶变黄，然后长出新叶。接着，就可以给秧苗的根部壅土了（俗称挞禾）。农夫用手拄着木棍，用脚把泥堆到秧苗根部，同时把杂草踩到泥里，这样它就不能生长了。凡是田里往年留下的水稗子草之类低矮的杂草，都能在挞禾时使其弯曲而埋在泥里。而茎秆较粗的稗草、苦蓼一类仅用脚不能除去的，那就用耘的方法来除掉。耘具的使用，重在腰和手的运用，用两眼分辨杂草是否除尽。除去杂草，秧苗才会长得茂盛。接下来，要做好排水防涝、灌水防旱的工作，一个月后就可以准备收割了。

乃服

"衣食住行"是人们日常生活的四大基本需求，其中"衣"即日常所穿的衣服，更是占据了首要的地位。中国，作为世界上丝绸文化的发源地，早在三千多年前的商朝，便已经开始了养蚕和丝绸织造的辉煌历程。

治丝

凡茧滚沸时，以竹签拨动水面，丝绪自见。提绪入手，引入竹针眼，先绕星丁头（以竹棍做成，如香筒样），然后由送丝干勾挂，以登大关车。断绝之时，寻绪丢上，不必绕接。其丝排匀不堆积者，全在送丝干与磨不(dǔn)之上。

缫丝时，把蚕茧放在水中煮到滚沸，用竹签去搅动一下，丝头就会自然露出来。手抓着丝头穿过竹针眼，绕在一个滚轮上，然后把丝挂在送丝竿上，再绕在用脚踩踏的大关车上。如果丝断了，找到另一个丝头搭上去即可，不必缠绕连接。要让大关车将丝绕得很均匀，关键在于送丝竿和脚踏摇柄要配合好。

调丝

凡丝议织时，最先用调。透光檐端宇下，以木架铺地，植竹四根于上，名曰络笃。丝匡竹上，其傍^{páng}倚柱高八尺处，钉具斜安小竹偃^{yǎn}月挂钩，悬搭丝于钩内，手中执籰^{yuè}旋缠，以俟牵经织纬之用。小竹坠石为活头，接断之时，扳之即下。

织丝以前，要先调丝。找个光线好的屋檐，把一个木架放在地面上，木架上插四根竹竿，这个工具叫络笃。把丝套在竹竿上，旁边八尺高的地方钉一根倾斜的小竹竿，竿的一头安上个半月形挂钩，把丝悬挂在钩上，手拿着籰子就可以旋转绕丝了。小竹竿上吊着一根绳子，上面有个小石块。如果要接断丝，只需轻轻扳动，挂钩就可以随着石块的配重自然落下来。

纬络

凡丝既篡之后，以就经纬。经质用少，而纬质用多。每丝十两，经四纬六，此大略也。

译文

丝绕到篡子上后，下一步就可以做经纬线了。一般来说，经线用丝少，纬线用丝多。大约每十两丝，经线用四两，纬线用六两。

8

经具

原文

凡丝既纩之后，牵经就织。以直竹竿穿眼三十余，透过篾圈，名曰溜眼。竿横架柱上，丝从圈透过掌扇，然后缠绕经耙之上。度数既足，将印架捆卷。既捆，中以交竹二度，一上一下间丝，然后扱于筘内（此筘非织筘）。扱筘之后，以的杠与印架相望，
kòu
登开五七丈。或过糊者，就此过糊；或不过糊，就此卷于的杠，
zèng
穿综就织。

译文

丝绕在纩子上，下一步就要牵拉经线准备织成丝布。在一根直竹竿上钻三十多个小孔，穿上篾圈，这叫溜眼。把竹竿横架在柱子上，然后把丝从篾圈穿过，再穿过掌扇，然后缠绕在经耙上。达到一定长度后，就用印架捆好，中间用两根交棒把丝分成上下两股，然后插到梳筘里面去。接着，把经轴与印架相对拉开五到七丈的距离。如果要上浆，就在这个时候进行；如果不上浆，就直接把丝卷到经轴上，然后就可以开始织丝了。

经耙

溜眼

掌扇

机式

凡花机，通身度长一丈六尺，
隆起花楼，中托衢盘，下垂衢脚
（水磨竹棍为之，计一千八百根）。
对花楼下堀坑二尺许，以藏衢脚
（地气湿者，架棚二尺代之）。

花楼

提 花机总长有一丈六尺，高耸的
部分叫花楼，中间的是衢盘，
下面垂着的是衢脚（衢盘用水磨的光
滑竹棍制成，共用一千八百根）。花
楼的下面要挖一个二尺深的坑，用来
放衢脚（地面如果潮湿，可以把提花
机架高二尺）。

译文

衢盘

的杠

叠助

10

提花小厮坐立花楼架木上。机末以的杠卷丝(sī)，中用叠助木两枝，直穿二木，约四尺长，其尖插于筘两头。叠助，织纱罗者视织绫绢者减轻十余斤方妙。其素罗不起花纹，与软纱绫绢踏成浪、梅小花者，视素罗只加桄(guàng)二扇，一人踏织自成，不用提花之人闲住花楼，亦不设衢盘与衢脚也。

提花的学徒工在花楼的木架上可站可坐。花机尾部有经轴可以卷丝，中部有两根叠助木，垂直穿过两条约四尺长的木棍，棍尖分别插在筘的两头。用来织纱、罗的叠助木要比织绫、绢的轻十多斤。素罗不用织花纹，想在软纱、绫、绢上织出波浪、梅花等小花纹，机器上只要比织素罗时多加两片综框，一个人边织边踏就可以了，不用安排一个提花的人闲坐在花楼上，也不用安装衢盘和衢脚。

悬弓

使用悬弓，可以把棉花弹得蓬松。

布衣

除棉籽

把棉花放在轧花机上，可以将棉籽挤出去。

原文

凡棉春种秋花，花先绽（zhàn）者逐日摘取，取不一时。其花粘子于腹，登赶车而分之。去子取花，悬弓弹化（为挟纩（jiā kuàng）温衾袄者，就此止功）。弹后以木板擦成长条，以登纺车，引绪纠成纱缕，然后绕篗牵经就织。凡纺工能者一手握三管，纺于铤上（捷则不坚）。

棉花在春天播种，秋天结出棉桃。先吐絮的棉桃要按照合适的日子摘取，摘取的时间是不一样的。棉絮和棉籽是粘在一起的，可以利用轧花机将其分开。去掉籽的棉花，要用悬弓弹松（如果是做棉被、棉袄的棉絮，加工到这里就行了）。然后，用木板把棉花搓成长条，再用纺车纺成棉纱，绕在篗子上，就可以拉线织布了。熟练的纺纱工可以一手握三个纺锤，把棉纱纺在锭子上（要是纺得太快，棉纱就不结实）。

纺车

据推测，手摇纺车大约出现在战国时期。

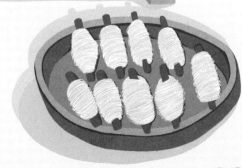

13

这一部分内容主要聚焦于染料的制作技巧和多样化的染色类别。古人常用的颜色是青、黄、红、白、黑，通过运用这些基本色调，并辅以其他材料的混合变化，就能创造出更多绚丽的色彩。

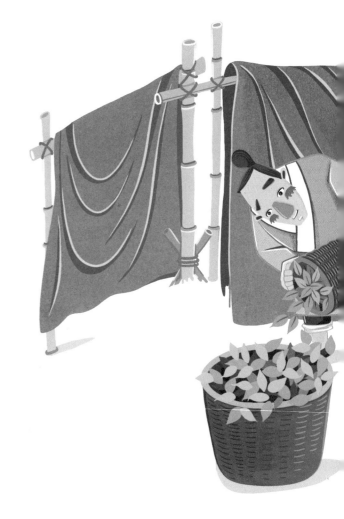

蓝淀

原文

凡造淀，叶与茎多者入窖，少者入桶与缸。水浸七日，其汁自来。每水浆一石下石灰五升，搅冲数十下，淀信即结。水性定时，淀沉于底。

译文

造蓝淀，原材料的叶和茎如果多就放进窖里，叶和茎少就放在桶里或缸里。加水泡七天，蓝汁自然就出来了。一石蓝汁加五升石灰，搅动几十下，就会凝结成蓝淀。静置一段时间，蓝淀就会沉积到底部。

古代植物染料

红色染料有红花、苏木、茜草等；黄色染料有黄檗（bò）、槐米、栀子等；黑色染料有橡碗子、五倍子等；蓝色染料有马蓝、蓼蓝、菘（sōng）蓝等；紫色染料有紫草、核桃皮等。

石灰

石灰的用量不能太多也不能太少，最好用当年新烧的石灰。

造红花饼法

捣烂

把红花放到石臼中用力捣烂。

采摘

一定要在天刚亮，红花还带着露水的时候摘。

原文

带露摘红花，捣熟，以水淘，布袋绞去黄汁。又捣，以酸粟或米泔清又淘，又绞袋去汁。以青蒿覆一宿，捏成薄饼，阴干收贮。染家得法，"我朱孔阳"，所谓猩红也（染纸吉礼用，亦必用制饼，不然全无色）。

淘洗

16

早上去采摘带露水的红花，捣烂后用水淘洗，再装到布袋里拧干。继续捣烂，用发酸的淘米水淘洗，再装到布袋里拧干。用青蒿覆盖一晚上，将其捏成薄饼，阴干后收藏起来。染法正确的话，就可以把衣裳染成鲜红色（染庆典、贺礼用的大红纸，必须用这种红花饼，否则就染不出来）。

拧干

把捣烂、清洗后的红花装入布袋，用力拧干。

捏成薄饼

染色

用红花饼作为原料，用乌梅水煎煮出来后，再用碱水澄清几次，颜色就会变得非常鲜艳了。

17

粹精

　　这一部分主要记述了谷类加工的精湛技艺，其中稻的加工更是有着举足轻重的地位。收获的稻子，要经过脱粒、去秕谷、去壳、去皮、过筛等工序，才能成为大米。当我们品尝着洁白如玉的大米饭时，应该感恩大自然的馈赠和农民的辛勤付出。

攻稻

　　凡稻刈获之后，离稿取粒。束稿于手而击取者半，聚稿于场而曳牛滚石以取者半。凡束手而击者，受击之物，或用木桶，或用石板。收获之时，雨多霁少，田、稻交湿，不可登场者，以木桶就田击取。晴霁稻干，则用石板甚便也。凡服牛曳石滚压场中，视人手击取者力省三倍。但作种之谷，恐磨去壳尖减削生机，故南方多种之家，场禾多藉牛力，而来年作种者则宁向石板击取也。

水稻收割后要脱粒。有一半的人会手握稻秆摔打脱粒，还有一半的人会把稻子铺在禾场上，用牛拉石磙去滚压脱粒。用手脱粒一般是在木桶里或石板上摔打。收割时，要是阴雨天气，田间和稻谷很湿，把稻子运到禾场很困难，一般都会用木桶就地脱粒。如果天晴稻干，用石板脱粒很方便。牛拉石磙在禾场脱粒，比用手脱粒省力三分之二。不过，要是留做谷种的稻谷，会担心有些稻粒被磨掉壳尖而导致发芽率降低，所以南方种稻多的人会把大部分稻谷运到禾场用牛拉着石磙脱粒，留的谷种就在石板上摔打脱粒。

凡稻最佳者九穰一秕。倘风雨不时，耘耔失节，则六穰四秕者容有之。凡去秕，南方尽用风车扇去。北方稻少，用扬法，即以扬麦、黍者扬稻，盖不若风车之便也。

土砻 lóng

去除谷壳的工具，是用竹子编成的，中间填充黄土，上下两扇都镶上了竹齿。

上好的稻谷，其中九成颗粒都很饱满，只有一成是空壳或者颗粒瘦小，俗称秕谷。假如这一年风雨不调，或施肥、拔草没有掌握好时机，稻谷可能就只有六成饱满，而秕谷则占四成之多。去除重量较轻的秕谷时，南方人选择用风车扇掉。北方的稻子少，人们就采用扬场的方法，像扬麦子或黍子那样，但这样没有使用风车方便。

凡稻去壳用砻，去膜用舂^{chōng}、用碾。然水碓主舂，则兼并砻功。燥干之谷入碾亦省砻也。

稻谷去壳要用到砻这种工具，去皮用舂或碾。如果是用水碓舂，也可以兼有砻的作用。稻谷要是干燥，可以只用碾加工，而不必用砻。

木砻

　　去除谷壳的工具，用一根圆木加工成磨盘的样子，上下两扇都凿出了纵向的斜齿。

21

凡既砻，则风扇以去糠秕，倾入筛中团转，谷未剖破者浮出筛面，重复入砻。凡筛，大者围五尺，小者半之。大者其中心偃隆而起，健夫利用；小者弦高二寸，其中平洼，妇子所需也。

用砻磨去稻谷的外壳后，还要用风车吹掉谷糠和秕谷，再倒进筛
子里晃动。那些没有破壳的稻谷会浮在面上，要收集起来重新
倒进砻中去壳。筛有大有小：大筛周长约五尺，中间稍稍隆起，是
那些强壮的男子使用的；小筛周长是大筛的一半，边高二寸，中心
稍稍凹陷，是妇女和儿童使用的。

风车

也叫风谷车，是一种可以去除
水稻等农作物籽实中杂质、瘪粒、
秸秆屑的木制传统农具。

风车

23

糙米

糙米是稻谷脱壳后得到的全谷粒米，由米糠、胚和胚乳三部分组成。糙米的口感很粗，质地紧密，煮饭费时，但营养成分多。

原文

凡稻米既筛之后，入臼而舂。臼亦两种。八口以上之家，堀地藏石臼其上。臼量大者容五斗，小者半之。横木穿插碓头（碓嘴治铁为之，用醋滓合上），足踏其末而舂之。不及则粗，太过则粉。精粮从此出焉。晨炊无多者，断木为手杵，其臼或木或石，以受舂也。既舂以后，皮膜成粉，名曰细糠，以供犬豕之豢。荒歉之岁，人亦可食也。细糠随风扇播扬分去，则膜尘净尽而粹精见矣。

精米

精米是将糙米经过多次加工处理，去除糠层和胚芽，得到的更加白净的米。精米的口感好，但营养成分相对较少。

稻米过筛之后，要放到白里除掉米皮，俗称为春。白有两种。一种是在八口人以上的农家，会在地上挖坑埋上石白。大白能装五斗稻米，小白能装两斗半。另外找来一根横木，前端插上碓头（碓嘴是铁做的，用酿醋的残渣粘在碓头的下端）。人用脚踩着横木尾端就可以春米了。春的强度不够，米就粗糙；春过头了，米又会粉碎。精米全都是用白加工出来的。还有一种是在人口不多的家庭，拿木头做的手杵来春米，白用木头或石料制成。春完后，稻米外面的皮膜会变成粉，俗称细糠，可以用来喂猪、狗这类牲畜。在欠收的荒年，人也可以吃。风车把细糠吹干净后，剩下的就是精米了。

25

盐，看似平凡的白色晶体，却在生活中扮演着不可或缺的角色。它既是厨房中的调料，也是我们体内不可缺少的营养元素。这一部分详细地记述了六种主要盐产，分别是海盐、池盐、井盐、土盐、崖盐和砂石盐。

海水盐

原文

凡海水自具咸质。海滨地，高者名潮墩，下者名草荡，地皆产盐。

同一海卤传神，而取法则异。

译文

海水本身是含有盐的。在海边，地势高的地方叫潮墩，地势低的地方叫草荡，都能产盐。

虽然都是海盐，但制取的方法却不一样。

原文

一法：高堰地，潮波不没者，地可种盐。种户各有区画经界，不相侵
越。度诘朝无雨（duó jié zhāo），则今日广布稻麦稿灰及芦茅灰寸许于地上，压使平匀。
明晨露气冲腾，则其下盐茅勃发。日中晴霁，灰、盐一并扫起淋煎。

译文

一种方法是：在潮水淹不到的岸边高地上种盐。种
盐的人家都划分好了各自的边界，互不侵占。
如果推测第二天是晴天，就取来稻草、麦秆、芦苇、
茅草等烧成的灰，在地上铺大约一寸厚，然后压平。
第二天早晨，露水正重的时候，盐就会像茅草一样从
灰下长出来。天晴雾散，过了中午，把灰和盐全扫起
来，再送去淋洗和煎炼。

原文

一法：潮波浅被地，不用灰压，
候潮一过，明日天晴，半日晒出
盐霜，疾趋扫起煎炼。

译文

另一种方法是：在那些潮水浅的地方，不用撒草
灰，潮水退去，如果第二天是晴天，半天就能晒
出盐霜。这时赶快把盐霜扫起来，再送去煎炼。

27

一法：逼海潮深地，先堀深坑，横架竹木，上铺席苇，又铺沙于苇席之上。俟潮灭顶冲过，卤气由沙渗下坑中。撤去沙、苇，以灯烛之，卤气冲灯即灭，取卤水煎炼。

总之，功在晴霁。若淫雨连旬，则谓之盐荒。

还有一种方法是：在潮水深的地方，先挖一个深坑，把竹子或木头架在坑上，上面铺着草席，再铺上一层沙。海水漫过坑顶流到草席上时，卤气就会透过沙子渗到坑里。这时把沙和草席都撤走，举着灯向坑里照一照，要是卤气把灯火熄灭了，那么就可以取出这些含盐的水来煎炼了。

总之，关键在于天晴。要是阴雨连绵，是没有办法生产盐的，就会出现盐荒。

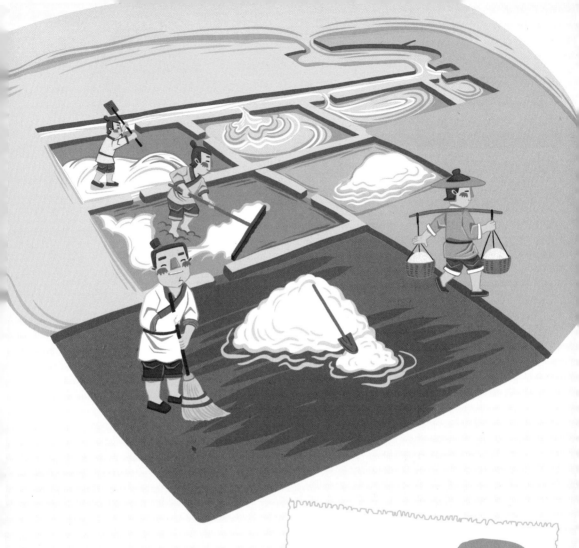

又淮场地面，有日晒自然生霜如马牙者，谓之大晒盐。不由煎炼，扫起即食。海水顺风漂来断草，勾取煎炼，名蓬盐。

在江苏淮安、扬州这些地方的盐场，只要太阳把海水晒干，就能出现像马牙硝那样白的盐霜，这就是大晒盐。盐霜没必要再煎炼，从地上扫起来直接就可以食用。此外，用海水中顺风漂来的海草也可以熬出盐，叫作蓬盐。

29

凡淋煎法，堀坑二个，一浅一深。浅者尺许，以竹木架芦席于上，将扫来盐料（不论有灰无灰，淋法皆同）铺于席上，四周隆起，作一堤垱形，中以海水灌淋，渗下浅坑中。深者深七八尺，受浅坑所淋之汁，然后入锅煎炼。

盐的淋洗和煎炼方法是：挖两个坑，一个浅一个深。浅坑深一尺左右，上面架着竹木，再铺上草席，将收集的盐料（不管有没有掺草灰，淋洗的方法都一样）铺在草席上。四周堆高些，围成堤坝的样子，中间用海水浇灌，盐水就会渗到浅坑里。深的坑挖出七八尺深，用于收集从浅坑流出来的盐水，然后再倒进锅中煎炼。

凡煎卤未即凝结，将皂角椎碎，和粟米糠二味，卤沸之时，投入其中搅和，盐即顷刻结成。盖皂角结盐，犹石膏之结腐也。

用卤水熬盐时，要是不凝结，可以把皂角舂碎，再混上粟米糠，趁卤水沸腾的时候倒进去搅匀，盐马上就会结出来了。加皂角可以促使结盐，就好像做豆腐时往豆浆里加石膏一样。

牢盆

煎盐使用的工具，古代称之为牢盆，可以用铁或竹子制成。在牢盆下面烧火，盐水里的水分便不断蒸发，最后牢盆里剩下的白色固体就是盐。

31

造糖

　　糖，这种甜蜜的调味品，在生活中是不可或缺的。糖的来源有甘蔗、蜂蜜以及稻、麦等含糖的谷物。《天工开物》对甘蔗制糖的描述尤为详尽，书中记载的糖车，是古老工艺中至关重要的压榨工具。

原文

　　凡造糖车，制用横板二片，长五尺、厚五寸、阔二尺，两头凿眼安柱。上笋出少许，下笋出板二三尺，埋筑土内，使安稳不摇。上板中凿二眼，并列巨轴两根（木用至坚重者），轴木大七尺围方妙。两轴一长三尺，一长四尺五寸，其长者出笋安犁担。担用屈木，长一丈五尺，以便架牛团转走。轴上凿齿分配雌雄，其合缝处须直而圆，圆而缝合。夹蔗于中，一轧而过，与棉花赶车同义。蔗过浆流，再拾其滓，向轴上鸭嘴扱入，再轧，又三轧之，其汁尽矣，其滓为薪。其下板承轴，凿眼只深一寸五分，使轴脚不穿透，以便板上受汁也。其轴脚嵌安铁锭(dìng)于中，以便捩(liè)转。凡汁浆流板有槽枧(jiǎn)，汁入于缸内。每汁一石，下石灰五合(gě)于中。

造糖车，要用到上下两块横板，每块长五尺、厚五寸、宽二尺，横板两端要凿出孔，安上柱子。柱子上面的榫头要比上横板高一些，下方的榫要穿过下横板二到三尺，这样可以埋到地下，整个机身就会稳定不摇。在上横板的中线处挖出两个洞，并排安上两根大木轴（木轴要用又硬又重的木料制作），轴的周长最好是七尺左右。两根木轴一根长三尺，另一根长四尺五寸，长的那根要有榫高出，用来安装犁担。还需要长一丈五尺的弯木制成的犁担，可以架着牛转圈走动。木轴上凿出相互咬合的凹凸传动齿，两轴相遇的地方直而圆，相互吻合。榨糖时，把甘蔗夹在两轴之间轧过去，就像轧棉花一样。甘蔗经过压榨就会流出蔗汁，二榨、三榨后，蔗汁就榨干净了，蔗渣可以当柴草烧。下横板上，支承轴脚的两个眼只有一寸五分深，轴不穿过下横板，这样下横板就可以承接蔗汁。轴下端要镶嵌铁锭子，以便转动。下横板上有沟槽，蔗汁通过它流到缸里。每石蔗汁要加石灰五合，以沉淀杂质。

犁担

凡取汁煎糖，并列三锅如品字，先将稠汁聚入一锅，然后逐加稀汁两锅之内。若火力少束薪，其糖即成顽糖，起沫不中用。

译文

熬糖时，取三口锅摆成品字形，先把熬浓的蔗汁集中在一口锅里，再把稀蔗汁慢慢加到另外两口锅里。这时如果火力不够，就会把糖熬成没用的顽糖。这种糖无法结晶，只会起泡沫。

造白糖

原文

凡闽、广南方经冬老蔗，同车同前法，笮^{zé}汁入缸。看水花为火色。其花煎至细嫩，如煮羹沸，以手捻试，粘手则信来矣。此时尚黄黑色，将桶盛贮，凝成黑沙。然后，以瓦溜（教陶家烧造）置缸上。其溜上宽下尖，底有一小孔，将草塞住，倾桶中黑沙于内，待黑沙结定，然后去孔中塞草，用黄泥水淋下。其中黑滓入缸内，溜内尽成白霜。最上一层厚五寸许，洁白异常，名曰洋糖（西洋糖绝白美，故名）。下者稍黄褐。

福建、广东南部那些整个冬天都在田里的成熟老蔗，跟上面讲过的一样，把借助糖车榨汁的方法榨出的蔗汁装在缸里。熬糖时，通过观察蔗汁沸腾时的水花形状来控制火候。当水花为细小的泡沫状，好像煮沸的肉羹时，就可以用手指搓转一下，如果粘手就说明糖熬好了。如果糖浆还是黄黑色，用桶把它装起来，让它慢慢凝结成糖膏。然后把像漏斗一样的瓦溜放在缸上。瓦溜上宽下窄，底下有小孔，先用草把小孔堵住，再把糖膏倒进去。糖膏凝固后，把堵在小孔里的草拿掉，用黄泥水去淋。其中，黑色的糖蜜会被冲进缸里，瓦溜里留下的全是白糖。最上面一层大约有五寸厚，非常洁白，叫"洋糖"（因为西洋的糖洁白漂亮，所以得名），而下面一层就稍带黄褐色了。

瓦溜

在古代，最初人们只是单纯地利用双手和泥土塑造简单的陶器。后来，陶车的出现为制陶带来了质的改变。古人对陶土的黏性和可塑性有了更深刻的认识，同时他们也学会了如何利用和控制火，使得陶器更加精美耐用。

白瓷

若夫中华四裔驰名猎取者，皆饶郡浮梁景德镇之产也。此镇从古及今为烧器地，然不产白土。土出婺源、祁门两山：一名高梁山，出粳米土，其性坚硬；一名开化山，出糯米土，其性粢软。两土和合，瓷器方成。其土作成方块，小舟运至镇。造器者将两土等分入臼，舂一日，然后入缸水澄。其上浮者为细料，倾跌过一缸；其下沉底者为粗料。细料缸中再取上浮者，倾过为最细料，沉底者为中料。既澄之后，以砖砌方长塘，逼靠火窑，以借火力。倾所澄之泥于中，吸干，然后重用清水调和造坯。

38

我国远近闻名、人人抢购的瓷器，大都产自江西景德镇。自古以来，景德镇就盛产瓷器，但却不产白土。白土来自婺源和祁门两县的山上：一座叫高梁山，出产粳米土，土质坚硬；一座叫开化山，出产糯米土，土质黏软。两种白土混合起来，才能造瓷器。人们将白土做成方块，用小船运到景德镇。造瓷器的人取等量的两种土放到臼里，舂一天，再放到缸里加水澄清。上浮的是细料，将其倒进另一缸中；下沉的是粗料。细料缸中再加水，上浮的是最细料，沉底的是中料。澄过以后，分别倒进窑边的砖砌水塘里，借窑的热力蒸干水分，重新加清水调和，才能造坯。

凡饶镇白瓷锈，用小港嘴泥浆和桃竹叶灰调成，似清泔汁（泉郡瓷仙用松毛水调泥浆，处郡青瓷锈未详所出），盛于缸内。凡诸器过锈，先荡其内，外边用指一蘸涂弦，自然流遍。

釉

釉（《天工开物》中写作"锈"）是覆盖在陶瓷、搪瓷表面的玻璃质薄层，由各种矿物质和金属氧化物等调配而成。

景德镇的白瓷釉，是用一种叫"小港嘴"的泥浆和桃竹的叶灰调制而成的，很像淘米水（德化窑的瓷仙釉是用松毛灰水和瓷泥调制而成的，处窑的青瓷釉不知道是什么配方），盛在瓦缸里。给任何瓷器上釉时，都要先把釉水倒进坯里荡一遍，再张开手指撑住坯放进釉水里蘸一下，使釉水刚好浸到外壁弦边，这样釉料就自然布满全坯身了。

凡将碎器为紫霞色杯者，用胭脂打湿，将铁线扭一兜络，盛碎器其中，炭火炙热，然后以湿胭脂一抹即成。

译文

制作紫霞色的碎器时，先用胭脂将碎器打湿，用铁线制作的网兜装着碎器放到炭火上烧热，然后用湿胭脂一涂抹就完工了。

41

　　凡瓷器经画过锈之后，装入匣钵（装时手拿微重，后日烧出，即成坳口，不复周正）。钵以粗泥造，其中一泥饼托一器，底空处以沙实之。大器一匣装一个，小器十余共一匣钵。钵佳者装烧十余度，劣者一二次即坏。凡匣钵装器入窑，然后举火。其窑上空十二圆眼，名曰天窗。火以十二时辰为足。先发门火十个时，火力从下攻上，然后天窗掷柴烧两时，火力从上透下。器在火中，其软如棉絮，以铁叉取一，以验火候之足。辨认真足，然后绝薪止火。共计一坯工力，过手七十二，方克成器。其中微细节目尚不能尽也。

瓷坯经过画彩、上釉等工序后，就要装进匣钵（装的时候要小心，如果用力过大，烧出的瓷器就会凹陷变形）。匣钵用粗泥制成，每一个泥饼可以托住一个瓷坯，底下空的地方用沙填满。一个匣钵里只能放一个大件瓷坯，或者十几个小件瓷坯。质量好的匣钵可装烧十几次，质量差的烧一两次就坏了。把装满瓷坯的匣钵放到窑里，然后点火烧窑。窑的顶部有十二个圆孔，那就是天窗。火烧上十二个时辰就可以了。先从窑门这里发火，烧十个时辰，火力从下往上，然后从天窗把柴丢进窑里，再烧两个时辰，火力从上往下。瓷器在高温中会变得像棉絮一样软，这时可用铁叉取出一个瓷坯来检验火候是不是够了。如果火候够了，就停止加柴。全算下来，造一件瓷器，要经过七十二道工序才能完成，其中还有很多细节没有在这里仔细说明呢。

匣钵

瓷坯装入匣钵，可以防止被窑炉中的灰尘和烟污染。

冶铸

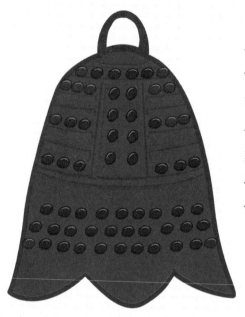

中国的铸造技术历史悠久。在这一部分，我们可以通过钟、鼎、锅、钱等物品的具体铸造方法，深入了解明朝的铸造技术。从铸型材料看，有泥范铸造和熔模（失蜡）铸造；从造型工艺看，有分铸法、叠铸法等。在冶炼过程中，风箱是提高炉温的关键设备。明朝时的风箱采用了活塞式设计，在当时处于世界先进水平。

原文

凡造万钧钟与铸鼎法同。堀坑深丈几尺，燥筑其中如房舍。埏(shān)泥作模骨，其模骨用石灰三和土筑，不使有丝毫隙坼。干燥之后，以牛油、黄蜡附其上数寸。油、蜡分两：油居什八，蜡居什二。其上高蔽抵晴雨（夏月不可为，油不冻结）。油蜡墁(màn)定，然后雕镂书文、物象，丝发成就。然后，舂筛绝细土与炭末为泥，涂墁以渐而加厚至数寸。使其内外透体干坚，外施火力炙化其中油蜡，从口上孔隙熔流净尽，则其中空处即钟、鼎托体之区也。凡油蜡一斤虚位，填铜十斤。塑油时尽油十斤，则备铜百斤以俟之。

铸造万钧（三十斤为一钧。万钧，指分量重）以上的大钟，和铸鼎的方法相同。先挖一个一丈多深的坑，保持干燥，把它筑得像房子一样。钟的内模用石灰、细砂和黏土调成的三合土筑造，不能有一丝裂缝。内模做好并晾干后，将牛油、黄蜡的混合物在上面涂几寸厚。牛油、黄蜡的比例是：牛油占十分之八，黄蜡占十分之二。在钟模上方，要搭一个高棚，防止日晒雨淋（夏天是不能做模的，因为牛油不会冻结）。油蜡涂好后，要刮抹平整，再精雕细刻文字和图案。之后，把舂碎并筛过的极细的泥粉和炭末调成糊状，再一层层地涂在油蜡上，大约几寸厚。等外模的内外都干透坚固后，就用慢火在外面烘烤，里面的油蜡熔化后，会从下口流出。这样，内外模之间就会形成一个空腔，那就是钟、鼎成型的区域。流出一斤油蜡产生的空间，需要用十斤铜去填充。要是制模时用了十斤油蜡，就要准备一百斤铜来铸造。

铸钟

铸造千斤以内的小钟，只要用十几个小炉子将铜熔化，然后人们抬起炉子，把铜液倒进钟模中。

原文

中既空净，则议熔铜。凡火铜至万钧，非手足所能驱使，四面筑炉，四面泥作槽道，其道上口承接炉中，下口斜低以就钟、鼎入铜孔，槽傍一齐红炭炽围。洪炉熔化时，决开槽梗（先泥土为梗，塞住），一齐如水横流，从槽道中视注而下，钟、鼎成矣。凡万钧铁钟与炉、釜，其法皆同，而塑法则由人省啬也。

风箱

一种增强火力的装置，可以将空气送入火炉中，使火焰更加旺盛。

内外模之间的油蜡流完以后，就来说熔化铜的事。要熔化一万斤以上的铜，就不能只靠人力了，这时需要在钟模周围修一些熔炉和泥槽，槽的上端连着熔炉的出水口，下端倾斜连接到钟模的浇口，槽两旁还要用炭火围起来。当所有熔炉的铜都熔化以后，就打开铜液出口的泥塞子，铜液就会像水一样沿着泥槽流进钟模里，钟或鼎就这样铸成了。要想造万斤以上的铁钟、香炉和大锅，方法也是相同的，只是塑造模子时的细节不同的人可以适当有所省略。

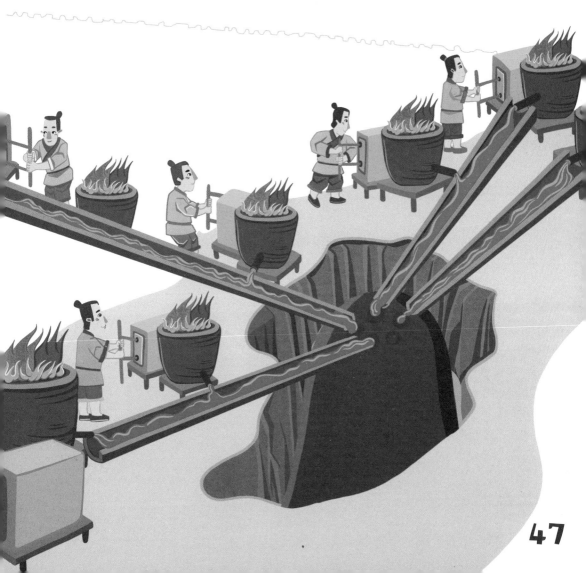

明朝时，中国的造船技术非常先进，这已经通过郑和七次下西洋的壮举得到了充分展现。车辆作为重要的交通工具之一，被广泛应用于人们的日常生活中，以四轮车和两轮车最为常见。这一部分将详细介绍明朝出现的这些交通工具，让我们一同领略其风采吧！

漕舫

原文

凡造舡(chuán) 先从底起，底面傍靠墙，上承栈，下亲地面。隔位列置者曰梁。两傍峻立者曰墙。盖墙巨木曰正枋，枋上曰弦。梁前竖桅位曰锚坛，坛底横木夹桅本者曰地龙。前后维曰伏狮，其下曰拏(ná)狮，伏狮下封头木曰连三枋。舡头面中缺一方曰水井（其下藏缆索等物）。头面眉际树两木以系缆者曰将军柱。舡尾下斜上者曰草鞋底，后封头下曰短枋，枋下曰挽脚梁。舡梢掌舵所居，其上曰野鸡篷（使风时，一人坐篷巅，收守篷索）。

漕舫

中国古代通过水道将各地的粮食等物资运至京城，称为漕运。供漕运用的大型船只便是漕舫。

造船要从造船底开始。在船底两侧紧靠船壁。船壁上承受栈板，下部接触地面。隔舱用的排列的木头称为梁。梁的两旁竖立着船壁。覆盖在船壁上的加厚木板称正枋。枋上的纵长木板是船舷。梁的前面，竖立桅杆的位置称锚坛。坛底部横木用以夹住桅杆底部的称为地龙。船头和船尾连接船帮的横木，称伏狮。它下面的固定用的纵向木条，称拏狮。伏狮下挡浪用的封头木称为连三枋。船头甲板上的方形舱口称为水井（下面放置船缆、绳索等物件）。船头甲板两侧立的两根系缆的木桩，叫做将军柱。船尾的船底斜着往上部分，称为草鞋底。船尾连接两船帮的封头下的木头称短枋，枋下的木头称挽脚梁。船尾掌舵的人所在之处，上面搭的篷称野鸡篷（扬帆时，一人在篷顶收放、把持系帆的绳索）。

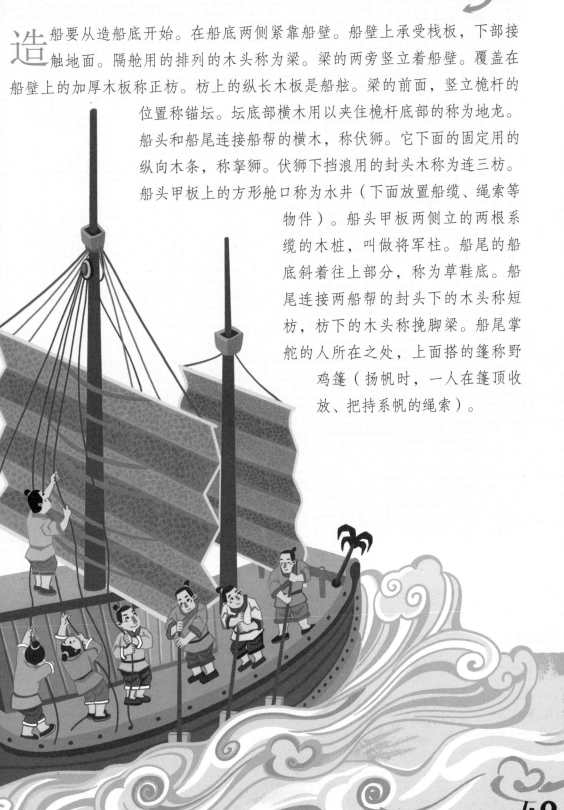

骡马车

    古代陆地上跑的车大部分都是骡马车。

车

凡骡车之制，有四轮者，有双轮者，其上承载支架，皆从轴上穿斗而起。四轮者前后各横轴一根，轴上短柱起架直梁，梁上载箱。马止脱驾之时，其上平整，如居屋安稳之象。若两轮者，驾马行时，马曳其前，则箱地平正；脱马之时，则以短木从地支撑而住，不然则攲(qī)卸也。

译文

骡马车有四轮的，也有两轮的，车的承载支架都是从车轴连接上去的。四轮车的前两轮和后两轮各有一根横轴，轴上竖起短柱，上面架着纵梁，纵梁再承载车厢。骡马停下脱驾时，车厢平正，就像坐在屋子里一样安稳。两轮的骡马车，行车时骡马在前边拉，车厢就平正；骡马要停下脱驾时，需要用短木支在地上，否则车就会倾倒。

锤锻

锻造是对金属的深度加工。在古代，对于熟铁而言，至关重要的热处理步骤便是"淬"（cuì），又称为"健"，可以使铁的结构和性质得到优化，从而具有更好的韧性。

治铁

凡治铁成器，取已炒熟铁为之。先铸铁成砧（zhēn），以为受锤之地。谚云："万器以钳为祖。"非无稽之说也。

铁器是用炒过的熟铁做成的。先把铁铸成砧，当作承受锤打的底座。谚语说："万器以钳为祖。"这可不是无稽之谈。

52

凡出炉熟铁，名曰毛铁。受锻之时，十耗其三为铁华、铁落。若已成废器未锈烂者，名曰劳铁，改造他器与本器，再经锤锻，十止耗去其一也。

熟 铁刚出炉叫毛铁，锻打时，有三成会变成铁花、铁屑损耗掉。还没锈烂的废铁器叫劳铁，用它来制作其他的或原样的铁器，锻打时就只耗损一成。

凡炉中炽铁用炭，煤炭居十七，木炭居十三。凡山林无煤之处，锻工先择坚硬条木，烧成火墨（俗名火矢，扬烧不闭穴火），其炎更烈于煤。即用煤炭，亦别有铁炭一种，取其火性内攻、焰不虚腾者，与炊炭同形而分类也。

熔 铁炉中所烧的炭，煤炭占了七成，木炭占三成。在没有煤的山区，锻工就会使用硬木烧成的木炭（俗称火矢，燃烧时不会闭塞炉火），它的火焰比煤还要猛。此外，煤炭中还有一种铁炭，烧起来火焰不大但是温度很高，看起来和做饭用的炭形状相同，但却不是同一类。

凡铁性逐节粘合，涂上黄泥于接口之上，入火挥槌，泥滓成枵而去，取其神气为媒合。胶结之后，非灼红斧斩，永不可断也。

把锻造出来的铁一节一节地接起来时，要在接口涂上黄泥。烧红后立即锤打，泥渣就会成为气体飞掉，这是利用它的"气"来作为媒介。锤合在一起的铁，除非将它烧红了再用斧来砍，否则是永远也不会断的。

凡熟铁、钢铁已经炉锤，水火未济，其质未坚。乘其出火之时，入清水淬之，名曰健钢、健铁。言乎未健之时，为钢为铁弱性犹存也。

熟铁或钢铁在烧红锤锻后，由于水火还没有相互作用，质地不够坚固。可以趁着刚出炉时，把它放到清水里淬火，这道工序叫健钢、健铁。意思是说，钢铁在淬火之前，还是很软弱的。

原文

凡焊铁之法，西洋诸国别有奇药。中华小焊用白铜末，大焊则竭力挥锤而强合之，历岁之久，终不可坚。故大炮西番有锻成者，中国则惟事冶铸也。

译文

焊铁的方法，西方各国都有一些特殊的焊料。在我国，小焊用白铜粉做焊料，大焊则靠人工锤打使其强行接合，但过了一些年月，接口就会脱焊了。所以，西方有的大炮是锻造而成的，但中国还只能靠铸造。

治铜

原文

凡红铜升黄而后熔化造器。用砒升者为白铜器，工费倍难，侈者事之。凡黄铜，原从炉甘石升者，不退火性受锤；从倭铅升者，出炉退火性，以受冷锤。凡响铜入锡参和（法具《五金》卷）成乐器者，必圆成无焊。其余方圆用器，走焊、炙火粘合。用锡末者为小焊，用响铜末者为大焊。（碎铜为末，用饭粘和打，入水洗去饭，铜末具存，不然则撒散。）若焊银器，则用红铜末。

红铜

铜矿石经过冶炼得到的纯铜。加入锌后，就可以得到黄铜。

红铜要炼成黄铜后，才能将其熔化以制造器具。要是加上砒霜等配料冶炼，就可以得到白铜。白铜加工起来不容易，成本很高，只有那些有钱人家才会使用。加炉甘石炼成的黄铜，烧红后要趁热锤打；如果是加锌炼成的黄铜，烧红后要先冷却，然后再锤打。凡是响铜，因为有锡掺入其中（方法见《五金》卷），加工制作乐器时，一定要用整料无焊的。至于其他方形或圆形的器具，可以通过焊接或加热的方式黏合在一起。焊接小物件，用锡粉做焊料；焊接大物件，用响铜末做焊料（把铜打碎加工成粉末，要用米饭黏合在一起捶打，然后加水洗去米饭，铜末全留下了，否则铜粉就会到处飞散）；焊接银器，则要用红铜粉做焊料。

铜锣

　　一种铜制乐器，被广泛应用于戏曲音乐、舞蹈音乐和传统吹打乐中。

燔石，即对矿石进行高温烧炼的过程。明朝时，石灰、煤炭、矾、硫黄和砒霜等非金属矿产的挖掘和烧制技术都有了显著发展。在这一部分内容里，煤炭被分为三种：燃烧时无烟的明煤、有烟的碎煤和相当于褐煤或泥煤的末煤。值得一提的是，书中记述了两种先进的采煤技术：瓦斯排空和巷道支护。这些技术体现了明朝先进的生产力，也为后世的矿业发展奠定了基础。

煤炭

原文

煤有三种：明煤、碎煤、末煤。明煤，大块如斗许，燕、齐、秦、晋生之。不用风箱鼓扇，以木炭少许引燃，煤(hàn)炽达昼夜。其傍夹带碎屑，则用洁净黄土调水作饼而烧之。碎煤有两种，多生吴、楚。炎高者曰饭炭，用以炊烹；炎平者曰铁炭，用以冶煅。入炉先用水沃湿，必用鼓鞴(bài)后红，以次增添而用。末炭如面者，名曰自来风。泥水调成饼，入于炉内。既灼之后，与明煤相同，经昼夜不灭。半供炊爨(cuàn)，半供熔铜、化石、升朱。至于燔石为灰与矾、硫，则三煤皆可用也。

煤炭

远古时期的植物埋藏在地下，经过长期演变而形成的固体可燃性矿物。

煤有三种：明煤、碎煤、末煤。明煤块大，有的像米斗那么大，产于河北、山东、陕西、山西等地。明煤燃烧时不用风箱鼓风，只要少量木炭引燃，就可以日夜猛烈燃烧。它的碎屑还可以和黄土一起，调水做成煤饼来烧。碎煤多产自江苏、湖北一带，分为两种：燃烧时火焰高的叫饭炭，用来煮饭；火焰平的叫铁炭，用来冶炼。烧碎煤前，要先用水浇湿，入炉后还要鼓风才能烧红，然后不断添煤，才可以继续燃烧。末煤是粉状，也叫自来风。使用时，把它用泥水调成饼状，再放到火炉里。点燃后，就像明煤一样日夜不灭。末煤可以用来烧火做饭、炼铜、熔化矿石、炼取朱砂。如果要烧制石灰、矾或硫黄，上面说的这三种煤都可使用。

凡取煤经历久者，从上面能辨有无之色，然后掘
挖。深至五丈许，方始得煤。初见煤端时，毒气灼人。
有将巨竹凿去中节，尖锐其末，插入炭中，其毒烟从
竹中透上。人从其下施镢拾取者。或一井而下，炭纵
横广有，则随其左右阔取。其上支板，以防压崩耳。

瓦斯

从煤炭和围岩中逸出的以甲烷为主的混合气体，无色、无味、无臭，可以燃烧或爆炸。当空气中瓦斯浓度很高时，氧含量会相对降低，从而使人窒息。

采煤经验丰富的人，看地面的土质就知道地下有没有煤，然后才往下挖。挖到大约五丈深，才能得到煤。煤层顶部出现时，会冒出毒气伤人。一种防范方法是把大竹筒中间凿通，削尖末端，插进煤层里，毒气就会通过竹筒往上排出去，人就可以安心下去用大锄挖煤了。有时井下煤层向四方延伸，可以顺着它的方向去挖。不过，地下的巷道要用木板支撑住，以防垮塌下来伤人。

膏液

这一部分记述了明朝的食用油和工业用油的提取技术，以及这些油脂的性能和广泛用途。在油脂的提取上，明朝主要有蒸榨法和水代法两种。通过对十六种油料植物籽实的产油率进行比较，我们充分了解了它们的特点。通过对柏皮油的加工和提炼，人们还制造出了蜡烛。书中还列举了相关设备和操作方法，这都是古人留给我们的宝贵财富。

法具

凡榨，木巨者围必合抱，而中空之。其木樟为上，檀与杞次之（杞木为者，妨地湿，则速朽）。此三木者脉理循环结长，非有纵直文，故竭力挥椎，实尖其中，而两头无壐拆之患，他木有纵文者不可为也。中土、江北少合抱木者，则取四根合并为之，铁箍裹定，横拴串合，而空其中，以受诸质，则散木有完木之用也。凡开榨，空中其量随木大小，大者受一石有余，小者受五斗不足。凡开榨，辟中，凿划平槽一条，以宛凿入中，削圆上下，下沿凿一小孔，剸一小槽，使油出之时流入承藉器中。其平槽约长三四尺，阔三四寸，视其身而为之，无定式也。实槽尖与枋，唯檀木、柞子木两者宜为之，他木无望焉。其尖过斤斧而不过刨，盖欲其涩，不欲其滑，惧报转也。撞木与受撞之尖皆以铁圈裹首，惧披散也。

油榨，要用整根木头制作，而且是两臂可以合抱的才行，然后把中间挖空。木头选樟木做最好，檀木与杞木都差一些（杞木受潮容易腐朽）。这三种木材的纹理都是扭曲的，没有直纹，所以把楔子插在其中并用力捶打时，两头不会裂开，其他有直纹的木材都不适用。中原、江北很难找到两臂合抱的大树，那就将四根木材拼合起来，用铁箍绑紧，再用横栓串连起来，把中间挖空，用来放油料，这样就可以把散木当完木来用了。榨油时，放入料的量要依据木榨的大小来掌握。大的能装一石（dàn）多原料，小的装不了五斗。油榨的中空部分要开凿一条平槽，用弯凿将其削圆，再在下沿开凿一个小孔，削一条细槽，让榨出的油能流到容器里。平槽大概长三四尺，宽三四寸，大小根据榨身而定，并不固定。插到槽里的楔子和枋木都要用檀木或柞木制成，楔子用刀斧砍成，不用刨，好保持粗糙，以防滑脱。撞木和楔子都要用铁圈把头部箍紧，防止木料散开。

榨具已整理，则取诸麻、菜子入釜，文火慢炒（凡柏桐之类属树木生者，皆不炒而碾蒸），透出香气，然后碾碎受蒸。凡炒诸麻、菜子，宜铸平底锅，深止六寸者，投子仁于内，翻拌最勤。若釜底太深，翻拌疏慢，则火候交伤，减丧油质。炒锅亦斜安灶上，与蒸锅大异。

凡碾埋槽土内（木为者以铁片掩之），其上以木竿衔铁砣，两人对举而推之。资本广者则砌石为牛碾，一牛之力可敌十人。亦有不受碾而受磨者，则棉子之类是也。

榨具已经准备好，就把各种麻籽、菜籽等原料放到锅里，用文火慢炒（柏、桐之类树上结的果实，不用炒，只需碾碎后直接蒸），到透出香气时就取出来，碾碎后再蒸。炒麻籽、菜籽时，适合用六寸深的平底锅，将其放在锅内不断翻拌。如果锅太深，翻拌慢而少，就会受热不均，降低油的产量和质量。炒锅是斜着放在灶上的，和蒸锅很不一样。

碾槽要埋到土里（木头做的碾槽要覆盖铁片）。用一根木杆穿过铁饼的圆心，两人一齐用力推碾。有钱的人家会用牛去拉碾，一头牛的力气顶得上十个人。要注意有的籽实只能磨而不能碾，比如棉籽之类的。

既碾而筛，择粗者再碾，细者则入釜甑受蒸。蒸气腾足，取出，以稻秸与麦秸包裹如饼形。其饼外圈箍，或用铁打成，或破篾绞刺而成，与榨中则寸相稳合。

油料碾过以后，再筛一遍，粗的再碾一次，细的就放到甑里去蒸。蒸汽升腾足够多时，把油料取出来，用稻草或麦秆包裹成大饼形状。饼的外面用圆箍固定。箍有铁打的，有竹篾绞制的。圆箍的尺寸与榨具内的空腔相吻合。

65

油料作物

油料作物的种子中含有大量脂肪，可以用来榨油。常见的油料作物有花生、玉米、芝麻、油菜、向日葵等。

凡油原因气取，有生于无。出甑之时，包裹怠缓，则水火郁蒸之气游走，为此损油。能者疾倾、疾裹而疾箍之，得油之多，诀由于此。榨工有自少至老而不知者。包裹既定，装入榨中，随其量满，挥撞挤轧，而流泉出焉矣。包内油出滓存，名曰枯饼。凡胡麻、莱菔、芸薹诸饼，皆重新碾碎，筛去秸芒，再蒸、再裹而再榨之，初次得油二分，二次得油一分。若柏、桐诸物，则一榨已尽流出，不必再也。

油料里的油是用蒸汽蒸出来的，从看不见的物质变成了看得见的物质。从锅里取出原料时，要是包裹太松，就会让一部分看不见的物质随蒸汽散失，出油率便会降低。技术熟练的人能快倒、快裹、快箍，这就是得油多的诀窍，有的榨工从小做到老都没明白。包裹好油料后，就把它放到油榨中装满，再挥动撞木把楔子打进去挤压，油就会像泉水一样流出来了。榨完油后，里面剩下的渣滓叫枯饼。芝麻、萝卜籽、油菜籽等第一次榨油后剩下的枯饼，要重新碾碎，筛掉茎秆和壳刺后，再蒸、包、榨，但是第二次时榨出来的油只有第一次的一半。如果是柏籽、桐籽之类的，榨一次就把油全榨出来了，没必要再榨第二次。

造竹纸

原文

　　凡造竹纸，事出南方，而闽省独专其盛。当笋生之后，看视山窝深浅，其竹以将生枝叶者为上料。节界芒种，则登山砍伐。截断五七尺长，就于本山开塘一口，注水其中漂浸。恐塘水有涸^{hé}时，则用竹枧通引，不断瀑流注入。浸至百日之外，加工槌洗，洗去粗壳与青皮（是名杀青）。其中竹穰形同苎麻样。用上好石灰化汁涂浆，入 楻^{huáng} 桶下煮，火以八日八夜^{lǜ}为率。

68

造纸术

西汉时期，中国人已经懂得了造纸的基本方法。东汉时，蔡伦总结前人经验，改进了造纸工艺，制成了"蔡侯纸"。

译文

竹纸的生产始于南方，福建最盛行。竹笋长出来后，就要到山上看竹林的长势，那些将要生枝叶的嫩竹是造纸的上等原料。每年芒种到来后，就可以上山砍竹。把竹子砍成五到七尺一段，就地挖一个池塘，再灌上水，把竹子泡在里面。为了避免池塘干涸，需要用竹管引水，不断往塘中注入溪水。泡一百天以上，就把竹子取出，用木棒捶打，洗掉粗壳与青皮（这道工序叫杀青）。这时，竹茎就变得像苎麻一样。再用优质的石灰浆拌和起来，放到木桶里面，煮上八天八夜。

　　凡煮竹，下锅用径四尺者，锅上泥与石灰捏弦，高阔如广中煮盐牢盆样，中可载水十余石。上盖楻桶，其围丈五尺，其径四尺余。盖定受煮，八日已足。歇火一日，揭楻取出竹麻，入清水漂塘之内洗净。其塘底面、四维皆用木板合缝砌完，以妨泥污（造粗纸者不须为此）。洗净，用柴灰浆过，再入釜中，其上按平，平铺稻草灰寸许。桶内水滚沸，即取出别桶之中，仍以灰汁淋下。倘水冷，烧滚再淋。如是十余日，自然臭烂。取出入臼受舂（山国皆有水碓），舂至形同泥面，倾入槽内。

煮竹麻用的锅直径有四尺，用泥调上石灰把锅边封好，高度和宽度就像沿海地区煮盐的牢盆那样，里面能装入十多石水。上面再盖上一个木桶，桶的周长有一丈五尺，直径四尺多。把竹料放进锅里盖紧，煮八天就够了。停火一天后，把里面的竹麻取出来，放到清水池塘里漂洗干净。池塘底部和四周都要用木板砌好使其无缝，以免沾染泥污（如果是造粗纸就不必砌木板）。把竹麻洗干净后，再用柴灰水浸透，然后再次放进锅里铺平，上面再铺一寸厚的稻草灰。煮沸之后，把竹麻移到另一个桶中，继续用草木灰水淋洗。如果灰水冷了，要煮沸再淋。这样操作十多天，竹麻就会腐烂发臭。这个时候，再把它拿出来放到臼里面捣碎（山区很多地方都有水碓）。捣成泥浆一样后，再倒到抄纸槽里去。

凡抄纸槽，上合方斗，尺寸阔狭，槽视帘，帘视纸。竹麻已成，槽内清水浸浮其面三寸许，入纸药水汁于其中（形同桃竹叶，方语无定名），则水干自成洁白。

抄 纸槽外形像个方斗，大小由抄纸帘决定，帘的大小又由纸张决定。纸浆加工好以后，在抄纸槽里放上清水，水面高出竹浆三寸左右，加上纸药水（制造这种药水的植物叶子很像桃竹，各地名称不同），这样抄成的纸，晾干后很洁白。

凡抄纸帘，用刮磨绝细竹丝编成。展卷张开时，下有纵横架匡。两手持帘，入水荡起竹麻，入于帘内。厚薄由人手法，轻荡则薄，重荡则厚。竹料浮帘之顷，水从四际淋下槽内，然后覆帘落纸于板上，叠积千万张。数满，则上以板压，俏绳入棍，如榨酒法，使水气净尽流干。然后，以轻细铜镊逐张揭起、焙干。

抄 纸帘是用刮得很细的竹丝编成的。展开时，它下面还有木框支撑。抄纸时，两手拿着抄纸帘伸到水里，把竹浆荡到帘里。纸的厚薄取决于人的手法：荡得轻就薄，荡得重就厚。提起抄纸帘时，水会从四边的帘眼漏下去，然后翻转抄纸帘，让纸落到木板上，叠积起成千上万张。纸张的数量够了，就在纸上面压一块木板，捆上绳子，插进木棍，用力绞紧，用类似榨酒的方法把水分压干。然后，再用小铜镊子把纸一张一张地揭起、烘干。

　　凡焙纸，先以土砖砌成夹巷，下以砖盖巷地面，数块以往，即空一砖。火薪从头穴烧发，火气从砖隙透巷，外砖尽热。湿纸逐张贴上焙干，揭起成帙。

烘纸时，先用土砖砌出两堵墙，形成一个夹巷，底下用砖砌出一条火道，每隔几块砖就留出一个空位。在巷头的炉子里点燃火，热气就会从留空的砖缝透出并充满整个夹巷，把外面的砖也全都烘热了。这时，把湿纸贴上去烘干，再揭下来放成一叠。

73

黄金

凡金质至重。每铜方寸重一两者，银照依其则寸增重三钱；银方寸重一两者，金照依其则寸增重二钱。凡金性又柔可屈折如枝柳。其高下色，分七青、八黄、九紫、十赤，登试金石上（此石广信郡河中甚多，大者如斗，小者如拳，入鹅汤中一煮，光黑如漆），立见分明。凡足色金参和伪售者，唯银可入，余物无望焉。欲去银存金，则将其金打成薄片剪碎，每块以土泥裹涂，入坩埚中鹏砂熔化，其银即吸入土内，让金流出，以成足色。然后入铅少许，另入坩埚内，勾出土内银，亦毫厘具在也。

金是最重的物质。假定每方寸的铜重一两，则每方寸银就要增重三钱；假定每方寸的银重一两，则每方寸的金就要增重二钱。金很柔软，能轻易弯折，就像柳枝一样。金的成色有高低之分：青色的含金七成，黄色的含金八成，紫色的含金九成，赤色的则为纯金。把金放在试金石上（这种石头在广信郡的河里有很多，有斗那么大的，也有拳头那么大的，把它放到鹅汤里煮一下，就会像漆一样又黑又亮），划出一条痕，用比色法就能分辨出它的成色。纯金要想掺假，只能掺入银，其他金属都不行。要想除去银而保留金，就把掺银的金打薄、剪碎，用泥涂上或包住，放到坩埚里再加入硼砂熔化，银就会被泥土吸收，金水流出来就是纯金。再加少量铅到另一个坩埚里，又可以把泥土中的银提炼出来，而且不会有任何损失。

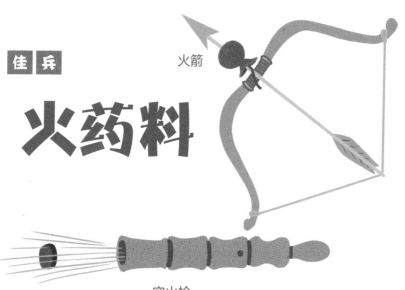

佳兵

火药料

火箭

火箭

突火枪

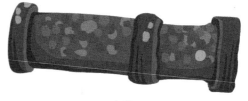

火炮

原文

　　凡火药，以硝石、硫黄为主，草木灰为辅。硝性至阴，硫性至阳，阴阳两神物相遇于无隙可容之中，其出也，人物膺（yīng）之，魂散惊而魄齑（jī）粉。凡硝性主直，直击者硝九而硫一；硫性主横，爆击者硝七而硫三。其佐使之灰，则青杨、枯杉、桦根、箬（ruò）叶、蜀葵、毛竹根、茄秸之类，烧使存性，而其中箬叶为最燥也。

76

火药的成分主要是硝石和硫黄，以木炭为辅。硝石的阴性最强，硫黄的阳性最强，这两种阴、阳物质在没有空隙的地方相遇后，如果爆炸起来，不论人还是动物都要魂飞魄散、粉身碎骨。硝石纵向爆发力大，所以用于射击的火药是硝九硫一；硫黄横向爆发力大，所以用于爆破的火药是硝七硫三。木炭是辅助剂，可以用青杨、枯杉、桦树根、箬竹叶、蜀葵、毛竹根、茄秆等植物烧成，其中以箬竹叶的炭最为燥烈。

火药

火药的主要成分是硝石、硫黄和木炭，是由人工按一定比例合成的混合物，点火后能速燃或爆炸。

墨

其余寻常用墨，则先将松树流去胶香，然后伐木。凡松香有一毛未净尽，其烟造墨，终有滓结不解之病。凡松树流去香，木根凿一小孔，炷灯缓炙，则通身膏液就暖倾流而出也。

一般的墨，都是用松烟制作的。要先让松树中的松脂流掉，然后再砍树。要是有一点点松脂没流干净，用这种松烟制作的墨就总有渣滓，难以书写。流掉松脂的方法是：在树干靠近根部的地方凿一个小孔，然后点一盏灯慢慢烤，整棵树的松脂就会从这个小孔流出来。

凡烧松烟，伐松斩成尺寸，鞠篾为圆屋如舟中雨篷式，接连十余丈。内外与接口皆以纸及席糊固完成。隔位数节，小孔出烟，其下掩土砌砖先为通烟道路。燃薪数日，歇冷入中扫刮。凡烧松烟，放火通烟，自头彻尾。靠尾一二节者为清烟，取入佳墨为料。中节者为混烟，取为时墨料。若近头一二节，只刮取为烟子，货卖刷印书文家，仍取研细用之。其余则供漆工垩工之涂玄者。

烧制松烟时，先把松木砍成一定的尺寸，再用竹篾在地上搭一个圆拱棚，就像小船篷那样，一节一节地连成十多丈长。棚的内外和接口都要用纸和草席糊紧密封。每隔几节，就开一个出烟的小洞。棚和地面接触的地方要盖上泥土，在棚里砌砖时要预留出排烟的通道。松木放在里面连续烧几天，冷却后，人就可以进去扫刮。烧松烟时，烟从棚头弥散到棚尾。从尾部一二节取的烟叫清烟，是优质墨料。从中节取的烟叫混烟，是普通墨料。从最前面一二节取的烟叫烟子，只能卖给印书的店家，还要经过磨细才能用来印书。再剩下的就交给漆工、粉刷工，可以当成黑色颜料使用。

凡松烟造墨，入水久浸，以浮沉分精愚。其和胶之后，以捶敲多寡分脆坚。其增入珍料与漱金、衔麝，则松烟、油烟增减听人。

造墨用的松烟，放到水里浸泡一阵，那些精细而清纯的粉末就会浮在上面，粗糙而稠厚的就会沉到下面。把松烟和胶调和凝固后，用锤去敲，以敲打次数来决定墨的坚硬程度。要是想在其中加入金箔或麝香之类的珍料，可由人随意掌控。

酒母

凡酿酒，必资曲药成信。无曲，即佳米珍黍，空造不成。古来曲造酒，蘗造醴^{niè lǐ}，后世厌醴味薄，遂至失传，则并蘗法亦亡。凡曲，麦、米、面随方土造，南北不同，其义则一。

凡麦曲，大、小麦皆用。造者将麦连皮，井水淘净，晒干，时宜盛暑天，磨碎，即以淘麦水和作块，用楮^{chǔ}叶包扎，悬风处，或用稻秸罨^{yǎn}黄，经四十九日取用。

想 要酿酒，一定要用酒曲做催化剂。没有酒曲，哪怕有好米好黍也酿不成酒。自古以来，人们就用曲酿黄酒，用蘗酿甜酒，后来人们嫌甜酒酒味太淡，结果导致制蘗的方法失传了。制作酒曲可以用麦、米或面粉做原料，南方和北方的做法不同，但原理都一样。

做 麦曲，可以用大麦或小麦。最好在炎热的夏天，先把带皮的麦粒在井水中洗净、晒干，然后把麦粒磨碎，浇上之前洗麦子的水，搅拌均匀后做成块状，再用楮树的叶子包裹起来，挂在通风的地方。也可以用稻草覆盖，让它发酵生出黄色的霉菌。这样经过四十九天，曲就可以使用了。

造面曲，用白面五斤、黄豆五升，以蓼汁煮烂，再用辣蓼末五两、杏仁泥十两，和踏成饼，楮叶包悬与稻秸罨黄，法亦同前。其用糯米粉与自然蓼汁溲(sǒu)和成饼、生黄收用者，罨法与时日，亦无不同也。其入诸般君臣与草药，少者数味，多者百味，则各土各法，亦不可殚述。

做面曲，需要用五斤白面、五升黄豆，加上蓼汁一起煮烂，再加五两辣蓼末、十两杏仁泥，混合后踩踏成饼，用楮树的叶子包起来挂着，或用稻草覆盖，方法跟做麦曲一样。用糯米粉加蓼汁做的饼，等它长出黄毛后再使用，盖稻草的方法和时间也是一样的。制作酒曲要用到各种主料、配料和草药，少的只要几种，多的要上百种，各地做法不一样，所以很难说全。

原文

凡造酒母家，生黄未足，视候不勤，盥（guàn）拭（cǐ）不洁，则疵药数丸动辄败人石米。故市曲之家，必信著名闻，而后不负酿者。

译文

造酒曲时，如果掩黄时间不够，没有注意观察，或者器具没清洗干净，就会出问题，几粒坏曲就会糟蹋了成石的米粮。所以卖酒曲的人必须讲信誉，才不会对不起那些酿酒的人。

原文

凡燕、齐黄酒曲药，多从淮郡造成，载于舟车北市。南方曲酒，酿出即成红色者，用曲与淮郡所造相同，统名大曲，但淮郡市者打成砖片，而南方则用饼团。

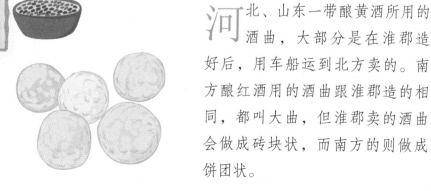

译文

河北、山东一带酿黄酒所用的酒曲，大部分是在淮郡造好后，用车船运到北方卖的。南方酿红酒用的酒曲跟淮郡造的相同，都叫大曲，但淮郡卖的酒曲会做成砖块状，而南方的则做成饼团状。

其曲一味，蓼身为气脉，而米、麦为质料，但必用已成曲酒糟为媒合。此糟不知相承起自何代，犹之烧矾之必用旧矾滓云。

酒糟

译文

凡是做酒曲，都要加入辣蓼粉末，使其通气。用米或麦作为原料，还必须加入已经做成酒曲的酒糟当媒介。这种酒糟不知从哪个朝代传下来的，就像烧青矾必须用旧矾滓盖住炉口一样。

珠

当蚌蛤等软体动物遭遇砂粒或其他外来物侵入时，体内的外套膜受到刺激会分泌出珍珠质，逐层包裹外来物，随着时间的推移就会形成圆粒，这就是受到人们广泛喜爱的珍珠。

原文

凡采珠舶，其制视他舟横阔而圆，多载草荐于上。经过水漩，则掷荐投之，舟乃无恙。舟中以长绳系没人腰，携篮投水。凡没人，以锡造弯环空管，其本缺处，对掩没人口鼻，令舒透呼吸于中，别以熟皮包络耳项之际。极深者至四五百尺，拾蚌篮中。气逼则撼绳，其上急提引上。无命者或葬鱼腹。凡没人出水，煮热毳(cuì)急覆之，缓则寒慄死。宋朝李招讨设法以铁为耩(jiǎng)，最后木柱扳口，两角坠石，用麻绳作兜如囊状，绳系舶两傍，乘风扬帆而兜取之。然亦有漂、溺之患。今疍(dàn)户两法并用之。

采珠的船比其他船要宽阔和圆一些，还会装上许多草垫。当船遇到漩涡时，只要把草垫丢下去，船就能安全驶过了。采珠人把一条长绳绑在腰部，绳子的另一端固定在船上，然后提着篮子潜下水。潜水时，要用锡做的弯环空管罩住口鼻，并用软皮带将其固定在耳朵和脖子之间，以便呼吸。他们最深能潜到四五百尺，把蚌捡到篮里。呼吸困难时，采珠人就摇一摇绳子，船上的人便立即把他拉上来。运气不好的人可能会葬身鱼腹。采珠人出水后，要立即盖上煮热了的毛皮，慢一点就可能被冻死。宋朝有个姓李的招讨使设计了一种铁制的耙状器具，可以系在木柱上扳动，两角挂着石头，用麻绳编成网兜成口袋状，用绳子绑在船的两侧，就可以乘着大风在海上兜取珍珠贝。不过，这种采珠法也有器具漂失和沉掉的危险。现在，海边的居民一般同时使用这两种方法采珠。

85